2のだんと 3のだんの 九九

JN020857

2のだんの 九九の 答えは 2
3のだんの 九九の 答えは 3

1 2のだんの 九九を おぼえましょう。

に いち が
2 × 1 = 2

に にん が
2 × 2 = 4

に さん が
2 × 3 = 6

に し が
2 × 4 = 8

に ご
2 × 5 = 10

に ろく
2 × 6 = 12

に しち
2 × 7 = 14

に はち
2 × 8 = 16

に く
2 × 9 = 18

2 3のだんの 九九を おぼえましょう。

さん いち が
3 × 1 = 3

さん に が
3 × 2 = 6

さ ざん が
3 × 3 = 9

さん し
3 × 4 = 12

さん ご
3 × 5 = 15

さぶ ろく
3 × 6 = 18

さん しち
3 × 7 = 21

さん ぱ
3 × 8 = 24

さん く
3 × 9 = 27

九九は，「二一が 2」のように，間に
「が」を 入れる ときが あるぞい。「が」を
入れるのは，答えが 1けたの ときだけじゃ。

3 九九を 言いながら かけ算を しましょう。

① 2×1 = 2 　　② 2×2 　　③ 2×3

④ 2×4 　　⑤ 2×5 　　⑥ 2×6

⑦ 2×7 　　⑧ 2×8 　　⑨ 2×9

⑩ 3×1 = 3 　　⑪ 3×2 　　⑫ 3×3

⑬ 3×4 　　⑭ 3×5 　　⑮ 3×6

⑯ 3×7 　　⑰ 3×8 　　⑱ 3×9

うんこでせかいをかえた人びと

1

「うんこカー」を はつ明した

エドワード・ウンコ
[Edward Unko]

九九を 言いながら, かけ算の 答えを
しっかり おぼえよう。

🌀1 九九の 答えを 書いた あと, 右に
かけ算の しきを 書きましょう。

答え　　しき

① 二三が $\boxed{6}$ → $\boxed{2 \times 3}$

② 三三が $\boxed{}$ → $\boxed{}$

③ 三八 $\boxed{}$ → $\boxed{}$

④ 二九 $\boxed{}$ → $\boxed{}$

🌀2 3この 2つ分を しきに 書き, 答えを もとめましょう。
また, 下の 絵を 見て, 3この 2つ分を あらわして いる
ほうの ☐に ○を 書きましょう。

(しき) $\boxed{}$ (答え) $\boxed{}$ こ

3

3 かけ算を しましょう。

① 2 × 1 = 2

② 2 × 6 =

③ 3 × 9 =

④ 2 × 5 =

⑤ 3 × 6 =

⑥ 2 × 4 =

⑦ 3 × 1 =

⑧ 2 × 2 =

⑨ 2 × 7 =

⑩ 3 × 4 =

⑪ 3 × 7 =

⑫ 2 × 8 =

うんこ文章題に
チャレンジ！
1

1台に うんこを 3こずつ のせた そりが, 5台
ならんで こおった さか道を すべって います。
そりに のって いる うんこは, ぜんぶで 何こですか。

しき

ニャアアア……

答え ＿＿＿＿＿ こ

4

2のだんと 3の だんを つかって②

まちがえた かけ算は，正しく おぼえられるまで
何ども やり直そう。

1 かけ算の 答えが 大きい ほうの ☐ に ○を 書きましょう。

①

②

③ ☐ 2×8 ☐ 3×5

④ ☐ 2×9 ☐ 3×7

2 かけ算を しましょう。

① $2 \times 2 = 4$

② 3×1

③ 2×6

④ 2×5

⑤ 3×6

⑥ 3×4

⑦ 2×7

⑧ 3×9

⑨ 3×8

⑩ 2×1

～うんこ先生の ○倍は?～

うんこ先生の いろいろな ところを ○倍すると, どう なるかな?
下の ⒜～⒞からえらんで, ▢に 書こう。

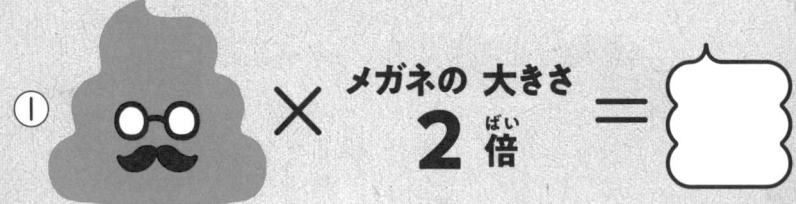

① [うんこ先生] × **メガネの 大きさ 2倍** = [   ]

② [うんこ先生] × **リアルっぽさ 3倍** = [   ]

どれに なるかな?

⒜　　　　　⒤　　　　　⒲

> 「○倍」は, ある ものが
> ○つ分 あると いう ことじゃぞ。

4のだんと 5のだんの 九九

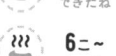

4のだんの 九九の 答えは 4ずつ,
5のだんの 九九の 答えは 5ずつ ふえて いくよ。

1 4のだんの 九九を おぼえましょう。

$4 × 1 = 4$ $4 × 2 = 8$ $4 × 3 = 12$

$4 × 4 = 16$ $4 × 5 = 20$ $4 × 6 = 24$

$4 × 7 = 28$ $4 × 8 = 32$ $4 × 9 = 36$

2 5のだんの 九九を おぼえましょう。

$5 × 1 = 5$ $5 × 2 = 10$ $5 × 3 = 15$

$5 × 4 = 20$ $5 × 5 = 25$ $5 × 6 = 30$

$5 × 7 = 35$ $5 × 8 = 40$ $5 × 9 = 45$

九九は, 声に 出しながら 何ども
言って, みに つけるのじゃ。

3 九九を 言いながら かけ算を しましょう。

① 4×1 = 4   ② 4×2   ③ 4×3

④ 4×4   ⑤ 4×5   ⑥ 4×6

⑦ 4×7   ⑧ 4×8   ⑨ 4×9

⑩ 5×1 = 5   ⑪ 5×2   ⑫ 5×3

⑬ 5×4   ⑭ 5×5   ⑮ 5×6

⑯ 5×7   ⑰ 5×8   ⑱ 5×9

テストに出るうんこ

うんこで せかいを かえた 人びと

うんこで せかいの へいわを 目ざした

アマンダ・ウンコリー

[Amanda Unkollie]

2

8

5 4のだんと 5の だんを つかって①

💩 九九を 言いながら, かけ算の 答えを
しっかり おぼえよう。

1 うんこの 数を かけ算で もとめます。
絵と しきが あうように, ━━ で むすびましょう。

①  ・　・ 4×4

②  ・　・ 5×2

③  ・　・ 4×3

④  ・　・ 5×4

2 かけ算の 答えが 大きい じゅんに,
あ～え を ならべかえましょう。

あ 4×4　　い 5×5　　う 4×6　　え 5×3

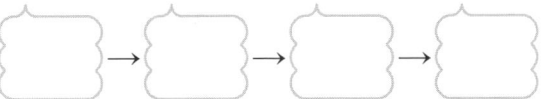

　→　　→　　→

3 かけ算を しましょう。

① 4×5 = 20

② 4×2 =

③ 4×1 =

④ 5×7 =

⑤ 5×1 =

⑥ 4×6 =

⑦ 5×6 =

⑧ 4×4 =

⑨ 4×8 =

⑩ 5×8 =

⑪ 5×9 =

⑫ 4×9 =

うんこ文章題に チャレンジ！ 2

お父さんは，けいたい電話で うんこの どう画を
1日に 4回 さつえいして います。
1週間（7日間）では どう画を 何回 とれますか。

しき

答え ____ 回

10

4のだんと 5の だんを つかって②

まちがえた かけ算は，正しく おぼえられるまで
何ども やり直そう。

1 4のだんと 5のだんの かけ算の
答えに 色を ぬりましょう。

2 かけ算を しましょう。

① 5 × 2 = 10   ② 4 × 3

③ 5 × 5   ④ 4 × 8

⑤ 5 × 4   ⑥ 5 × 7

⑦ 4 × 4   ⑧ 5 × 1

⑨ 4 × 9   ⑩ 5 × 6

うんこ先生からの
ちょうせんじょう ②

〜かけ算ビンゴ〜

カードを めくって, 出た しきの 答えの 数が あったら ○で かこもう。
たて, よこ, ななめの どれかが そろったのは どちらかな?

> 答えの 数を れい のように ○で かこむのじゃ。

めくって 出た カード

れい		
3×2	2×5	4×3
5×5	3×7	4×6

れい たつき

⑥	9	24
18	10	12
21	14	20

れい お父さん

⑥	16	28
8	24	12
10	25	15

そろったのは, (たつき ・ お父さん)

かくにんテスト 1

点

1 うんこの 数を あらわす ように，
かけ算の しきを 書きましょう。 〈1もん 2点〉

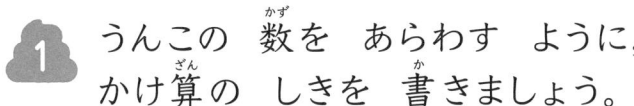

① [　] × [　]

1つ分の 数　いくつ分

② [　] × [　]

2 九九の 答えを 書いた あと，
右に かけ算の しきを 書きましょう。 〈1もん 2点〉

答え　　　しき

① 三七 [　] → [　　　　]

② 四九 [　] → [　　　　]

3 かけ算を しましょう。 〈1つ 2点〉

① 2×3 = [　]　② 4×7 = [　]　③ 4×4 = [　]

④ 3×8 = [　]　⑤ 5×2 = [　]　⑥ 5×7 = [　]

⑦ 3×6 = [　]　⑧ 4×1 = [　]

4 かけ算を しましょう。

〈1つ 2点〉

① 3 × 3　　② 2 × 5　　③ 4 × 2

④ 2 × 8　　⑤ 5 × 6　　⑥ 3 × 2

⑦ 2 × 1　　⑧ 4 × 8　　⑨ 5 × 9

⑩ 3 × 4　　⑪ 2 × 7　　⑫ 5 × 4

⑬ 3 × 9　　⑭ 2 × 2　　⑮ 5 × 3

⑯ 4 × 5　　⑰ 2 × 6　　⑱ 4 × 6

⑲ 5 × 5　　⑳ 3 × 5

㉑ 2 × 9　　㉒ 5 × 8

5 つぎの 「うんこで せかいを かえた 人」は どちらですか。

〈32点〉

あ エドワード・ウンコ

い アマンダ・ウンコリー

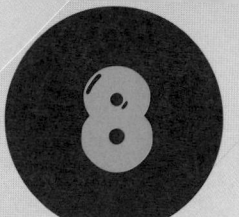

6のだんと 7のだんの 九九

6のだんの 九九の 答えは 6ずつ，
7のだんの 九九の 答えは 7ずつ ふえて いくよ。

1 6のだんの 九九を おぼえましょう。

^{ろく}6 ^{いち}× 1 ^が= 6

^{ろく}6 ^に× 2 = 12

^{ろく}6 ^{さん}× 3 = 18

^{ろく}6 ^し× 4 = 24

^{ろく}6 ^ご× 5 = 30

^{ろく}6 ^{ろく}× 6 = 36

^{ろく}6 ^{しち}× 7 = 42

^{ろく}6 ^は× 8 = 48

^{ろっ}6 ^く× 9 = 54

2 7のだんの 九九を おぼえましょう。

^{しち}7 ^{いち}× 1 ^が= 7

^{しち}7 ^に× 2 = 14

^{しち}7 ^{さん}× 3 = 21

^{しち}7 ^し× 4 = 28

^{しち}7 ^ご× 5 = 35

^{しち}7 ^{ろく}× 6 = 42

^{しち}7 ^{しち}× 7 = 49

^{しち}7 ^は× 8 = 56

^{しち}7 ^く× 9 = 63

7と 4は にて いるから，九九を
まちがえやすいぞい。しっかり くべつして
おぼえるのじゃ。

15

💩 **3** 九九を 言いながら かけ算を しましょう。

① 6×1 = 6   ② 6×2   ③ 6×3

④ 6×4   ⑤ 6×5   ⑥ 6×6

⑦ 6×7   ⑧ 6×8   ⑨ 6×9

⑩ 7×1 = 7   ⑪ 7×2   ⑫ 7×3

⑬ 7×4   ⑭ 7×5   ⑮ 7×6

⑯ 7×7   ⑰ 7×8   ⑱ 7×9

テストに出るうんこ

うんこでせかいをかえた人びと

3

せかい一の プロうんこせん手
ジョン・ウンコ・アームストロング
[John Unko Armstrong]

9

6のだんと 7の だんを つかって①

九九を 言いながら, かけ算の 答えを
しっかり おぼえよう。

1 九九の 答えを 書いた あと, 右に
かけ算の しきを 書きましょう。

答え　　　　　　　しき

① 六四 　24 　→ 　6 × 4

② 七七 　□ 　→

③ 六九 　□ 　→

2 7×4の 答えを もとめます。□に あう 数を 書きましょう。

7×4の 答えは, 4×4と □×4の

答えを たして もとめる ことが できます。

●は, 4×4= 16 ,

●は, □×4= □ より,

●と ● を あわせると,

16 + □ = □ なので, 7×4= □ です。

3 かけ算を しましょう。

① 6×3 = 18

② 7×6 =

③ 7×2 =

④ 6×6 =

⑤ 7×5 =

⑥ 7×9 =

⑦ 6×1 =

⑧ 6×8 =

⑨ 6×7 =

⑩ 7×1 =

⑪ 7×3 =

⑫ 6×2 =

うんこ文章題に
チャレンジ！
3

ぼくの ペットの ロンは, うんこを 1に する たびに
6回 ジャンプします。今日, ロンは うんこを
5こ しました。今日, ロンは ぜんぶで
何回 ジャンプを しましたか。

 しき

答え _____ 回

6のだんと 7の だんを つかって②

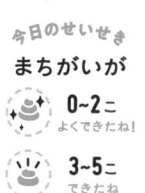

💩 まちがえた かけ算は，正しく おぼえられるまで
何ども やり直そう。

1 かけ算の 答えが 大きい じゅんに，
あ～えを ならべかえましょう。

あ　6×6　　い　7×5　　う　6×8　　え　7×7

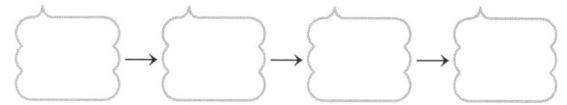

$$\boxed{} \rightarrow \boxed{} \rightarrow \boxed{} \rightarrow \boxed{}$$

2 かけ算を しましょう。

① 7×6 = 42　　　② 6×3

③ 7×2　　　　　④ 6×5

⑤ 7×8　　　　　⑥ 7×4

⑦ 6×1　　　　　⑧ 6×7

⑨ 6×4　　　　　⑩ 7×1

⑪ 7×3　　　　　⑫ 6×2

⑬ 6×6　　　　　⑭ 7×9

ちょうせんじょう❸

～うんこ九九なぞなぞ①～

つぎの もんだいの 答え(こた)を, 九九の なぞなぞで 考えて(かんが) みよう。

> 九九は,「2 × 1 = 2」の 言い方(に いち が に)(い かた)の ことじゃぞ。
> 「・」が ついた ところは, 九九だと いくつに なるかのう？

1 おいしい 肉(にく) を 食べた(た) 後(あと),
うんこは 何こ(なん) 出たかな？

答え _____ こ

2 兄(に一) さんは 毎日(まい にち) 何時(なん じ)に うんこを
するかな？

答え _____ 時

3 うんこが 多く(おお) 出そうな午後(ごご) には,
うんこは 何こ 出せるかな？

答え _____ こ

8のだんと 9のだんの 九九

今日のせいせき
まちがいが
 0~2こ
よくできたね!
 3~5こ
できたね
6こ~
がんばれ

8のだんの 九九の 答えは 8ずつ,
9のだんの 九九の 答えは 9ずつ ふえて いくよ。

 8のだんの 九九を おぼえましょう。

はち いち が
8 × 1 = 8

はち に
8 × 2 = 16

はち さん
8 × 3 = 24

はち し
8 × 4 = 32

はち ご
8 × 5 = 40

はち ろく
8 × 6 = 48

はち しち
8 × 7 = 56

はっ ぱ
8 × 8 = 64

はっ く
8 × 9 = 72

2 9のだんの 九九を おぼえましょう。

く いち が
9 × 1 = 9

く に
9 × 2 = 18

く さん
9 × 3 = 27

く し
9 × 4 = 36

く ご
9 × 5 = 45

く ろく
9 × 6 = 54

く しち
9 × 7 = 63

く は
9 × 8 = 72

く く
9 × 9 = 81

8のだんの 九九では, 8を 「はち」や
「はっ」,「ぱ」など, いろいろな 言い方を
するから 気を つけて おぼえるのじゃ。

3 九九を 言いながら かけ算を しましょう。

① 8×1 = 8　　　② 8×2　　　③ 8×3

④ 8×4　　　⑤ 8×5　　　⑥ 8×6

⑦ 8×7　　　⑧ 8×8　　　⑨ 8×9

⑩ 9×1 = 9　　　⑪ 9×2　　　⑫ 9×3

⑬ 9×4　　　⑭ 9×5　　　⑮ 9×6

⑯ 9×7　　　⑰ 9×8　　　⑱ 9×9

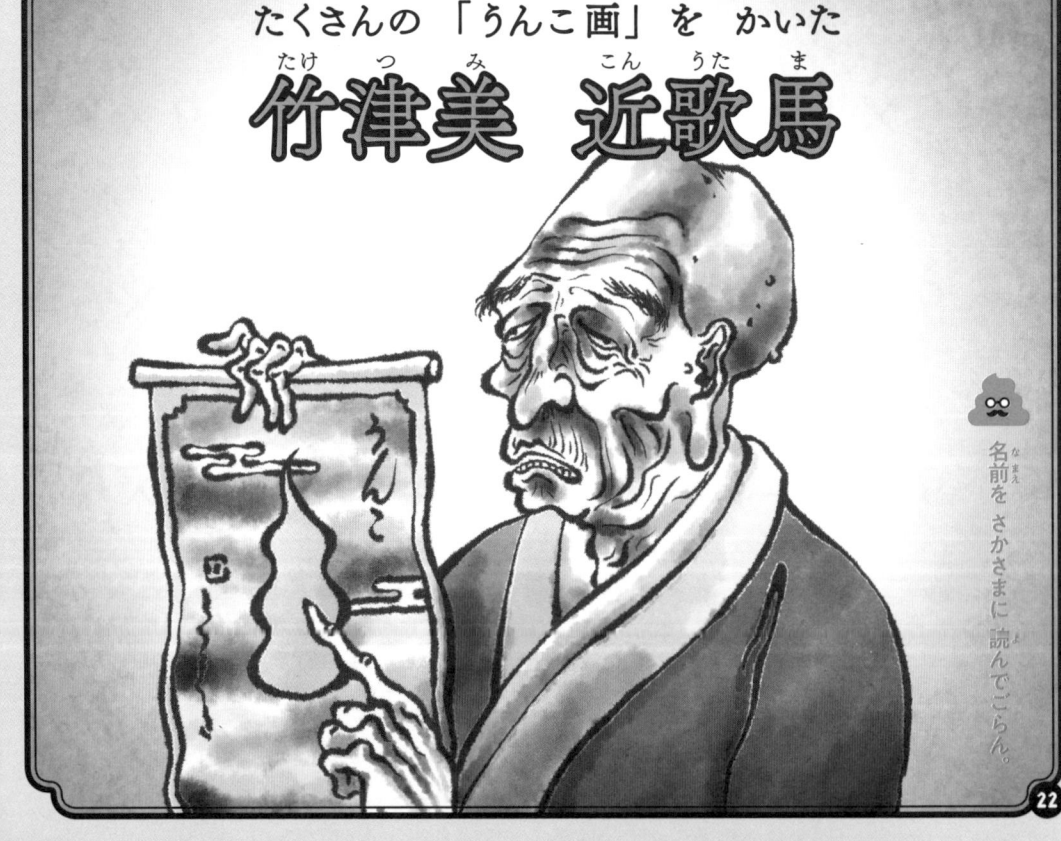

たくさんの 「うんこ画」を かいた

竹津美 近歌馬
（たけつみ こんうたま）

名前を さかさまに 読んでごらん。

8のだんと 9の だんを つかって①

今日のせいせき
まちがいが

😊 0~2こ
よくできたね!

😅 3~5こ
できたね

😓 6こ~
がんばれ

九九を 言いながら, かけ算の 答えを しっかり おぼえよう。

1 九九の 答えを 書いた あと, 右に
   かけ算の しきを 書きましょう。

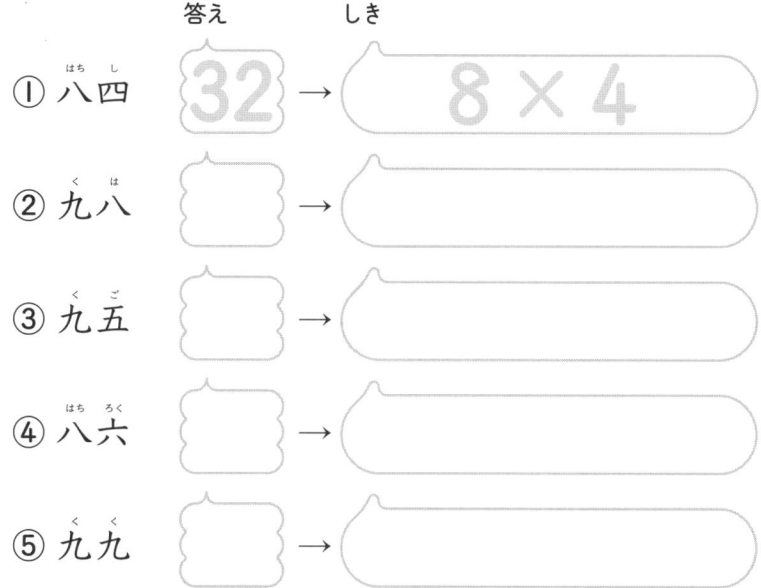

答え　　　しき

① 八四　32 → 8 × 4

② 九八　□ →

③ 九五　□ →

④ 八六　□ →

⑤ 九九　□ →

2 8のだんと 9のだんの かけ算の 答えに 色を ぬりましょう。

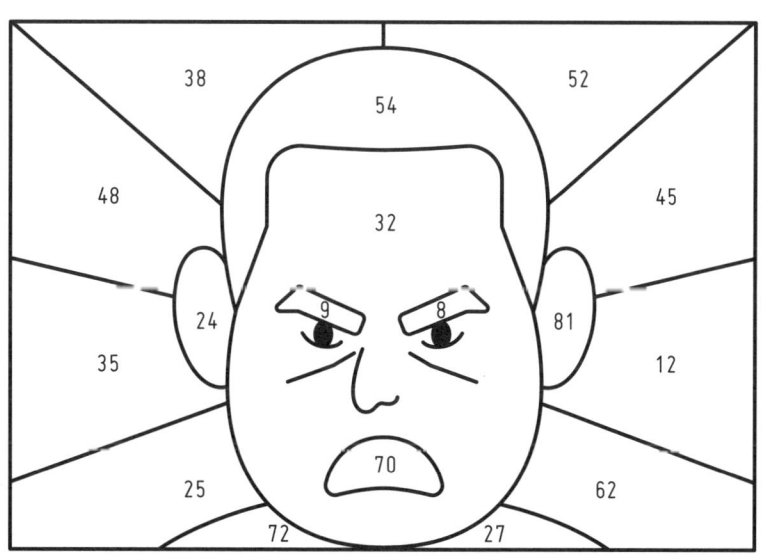

3 かけ算を しましょう。

① $9 \times 4 = 36$

② $8 \times 5 = $

③ $9 \times 3 = $

④ $8 \times 7 = $

⑤ $8 \times 1 = $

⑥ $9 \times 7 = $

⑦ $8 \times 3 = $

⑧ $9 \times 2 = $

⑨ $8 \times 8 = $

⑩ $8 \times 9 = $

⑪ $9 \times 1 = $

⑫ $8 \times 2 = $

うんこ文章題に
チャレンジ！
4

うんこハンターの ジェイムスは,
1時間で うんこを 9こ 見つける ことが できます。
6時間では うんこを 何こ 見つける ことが できますか。

 しき

答え _____ こ

24

13 8のだんと 9の だんを つかって②

今日のせいせき
まちがいが
0〜2こ よくできたね!
3〜5こ できたね
6こ〜 がんばれ

まちがえた かけ算は，正しく おぼえられるまで
何ども やり直そう。

1 □には 九九が 入ります。何のだんか
考えて，あう 数を 書きましょう。

① **8** 16 **24 32** ☐ **48**

② **36 45** ☐ **63 72** ☐

③ **32 40** ☐ ☐ **64 72**

2 かけ算を しましょう。

① 9 × 6 = 54

② 9 × 2

③ 8 × 5

④ 8 × 3

⑤ 9 × 5

⑥ 8 × 1

⑦ 9 × 8

⑧ 8 × 8

⑨ 8 × 6

⑩ 9 × 4

⑪ 8 × 4

⑫ 9 × 1

⑬ 8 × 9

⑭ 8 × 2

ちょうせんじょう 4

~うんこの かたづけ~

ちらかった うんこを 元の 場しょに かたづけよう。
答えが 同じ うんこと たなを ●——● で むすぼう。

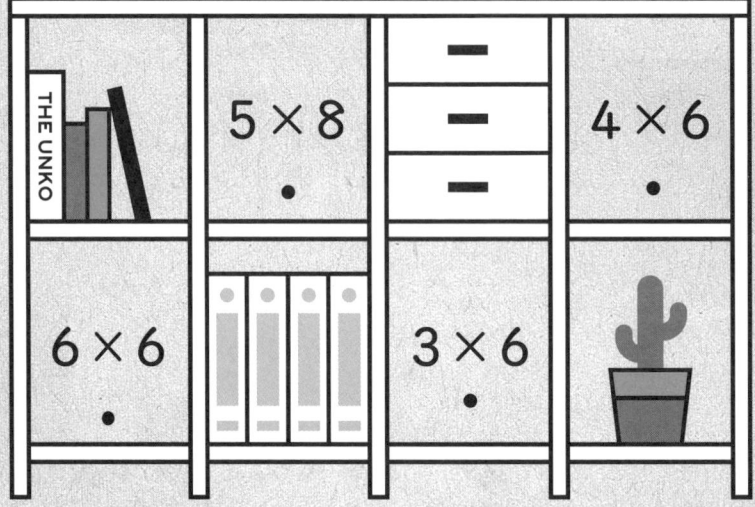

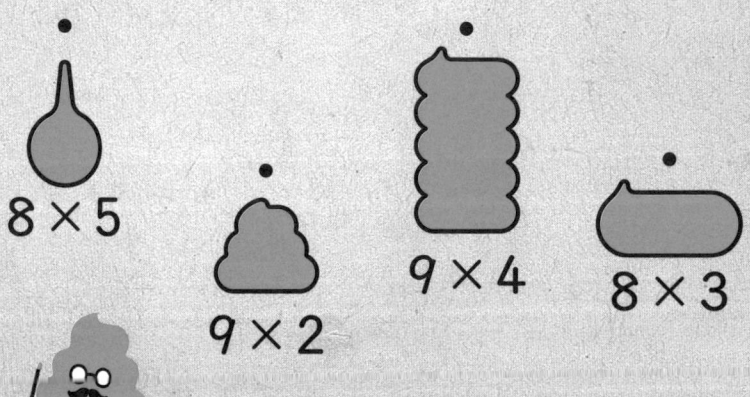

つかった うんこは きちんと かたづけるのじゃ。

14

1のだんの 九九

今日のせいせき
まちがいが

0~2こ
よくできたね!
3~5こ
できたね
6こ~
がんばれ

 1のだんの 九九の 答えは 1ずつ ふえて いくよ。

---

 1 1のだんの 九九を おぼえましょう。

いん いち が
$1 × 1 = 1$

いん に が
$1 × 2 = 2$

いん さん が
$1 × 3 = 3$

いん し が
$1 × 4 = 4$

いん ご が
$1 × 5 = 5$

いん ろく が
$1 × 6 = 6$

いん しち が
$1 × 7 = 7$

いん はち が
$1 × 8 = 8$

いん く が
$1 × 9 = 9$

 2 かけ算を しましょう。

① $1 × 4 = 4$

② $1 × 8$

③ $1 × 3$

④ $1 × 5$

⑤ $1 × 9$

⑥ $1 × 1$

⑦ $1 × 2$

⑧ $1 × 6$

⑨ $1 × 7$

うんこ先生からの
ちょうせんじょう 5

～うんこ九九なぞなぞ②～

つぎの もんだいの 答え(こた)を, 九九の なぞなぞで 考えて(かんが) みよう。

> 九九を おぼえて いたら わかるぞいっ!

1 うんこの 国(くに) には おしろは 何(なん)こ あるかな?

答え _____ こ

2 大きい うんこに はっぱが はりついて いるよ。何まいかな?

答え _____ まい

3 白い うんこに 色(いろ)を ぬろう。インクは 何L つかうかな?

答え _____ L

15 かくにんテスト 2

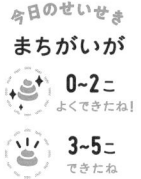

点

---

1 9×4の 答えを もとめます。□に あう 数を 書きましょう。

〈1つ 2点〉

9×4の 答えは，4×4と ①[   ]×4の

答えを たした 数です。

●は，4×4=② 16 ，●は，③[   ]×4=④[   ]より，

●と ●を あわせると，

⑤ 16 +⑥[   ]=⑦[   ]なので，9×4=⑧[   ]です。

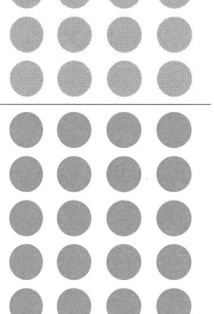

---

2 答えが 同じ しきを ―― で むすびましょう。

〈1つ 2点〉

① 8×9 ・ ・ 9×8

② 6×4 ・ ・ 6×6

③ 9×4 ・ ・ 1×7

④ 7×1 ・ ・ 9×2

⑤ 6×3 ・ ・ 8×3

3 かけ算を しましょう。

〈1つ 2点〉

① 6 × 2 = 12　　② 1 × 8　　③ 7 × 2

④ 8 × 1　　⑤ 9 × 5　　⑥ 1 × 3

⑦ 6 × 7　　⑧ 7 × 5　　⑨ 9 × 9

⑩ 8 × 4　　⑪ 1 × 4　　⑫ 6 × 8

⑬ 7 × 7　　⑭ 9 × 7　　⑮ 8 × 7

⑯ 1 × 9　　⑰ 6 × 5　　⑱ 8 × 6

⑲ 9 × 3　　⑳ 7 × 8

㉑ 8 × 2　　㉒ 6 × 9

4 つぎの 「うんこで せかいを かえた 人」は どちらですか。

〈30点〉

あ　ジョン・ウンコ・
　　アームストロング

い　竹津美 近歌馬

16 九九の ひょう①

九九の ひょうの 見方を 知って,
九九の きまりを おぼえよう。

1 4×5の かけ算に ついて, 下の 九九の ひょうを 見ながら,
□に あう 数を 書きましょう。

				かける 数					
	1	2	3	4	5	6	7	8	9
1	1	2	3	4	5	6	7	8	9
2	2	4	6	8	10	12	14	16	18
3	3	6	9	12	15	18	21	24	27
4	4	8	12	16	20	24	28	32	36
5	5	10	15	20	25	30	35	40	45
6	6	12	18	24	30	36	42	48	54
7	7	14	21	28	35	42	49	56	63
8	8	16	24	32	40	48	56	64	72
9	9	18	27	36	45	54	63	72	81

(左側縦書き：かけられる 数)

① かける 数が 1 ふえると, 答えは かけられる 数だけ

ふえるので, 4×5=4×4+{ } と あらわせます。

② かける 数と かけられる 数を 入れかえても 答えは

同じに なるので, 4×5=5×{ } と あらわせます。

31

2 □に あう 数を 書きましょう。

① $2 \times 6 = 2 \times 5 + \boxed{2}$

② $3 \times 8 = 3 \times 7 + \boxed{}$

③ $6 \times 9 = 6 \times 8 + \boxed{}$

④ $8 \times 5 = 8 \times 4 + \boxed{}$

⑤ $3 \times 4 = \boxed{} \times 3$

⑥ $5 \times 7 = \boxed{} \times 5$

⑦ $7 \times 9 = 9 \times \boxed{}$

⑧ $9 \times 8 = 8 \times \boxed{}$

テストに出る うんこ

うんこで せかいを かえた 人びと

5

7千きょくの うんこ音楽を 作きょくした

ウン・コロンボ・フンデルヴァイデ

[Un Colombo Hunderweide]

九九の きまりは 3年生の 学しゅうでも
やく立つよ。しっかり おぼえて おこう。

1 九九の ひょうを 見て, 答えが 下の 数に なる
かけ算の しきを すべて 書きましょう。

		かける 数							
	1	2	3	4	5	6	7	8	9
1	1	2	3	4	5	6	7	8	9
2	2	4	6	8	10	12	14	16	18
3	3	6	9	12	15	18	21	24	27
4	4	8	12	16	20	24	28	32	36
5	5	10	15	20	25	30	35	40	45
6	6	12	18	24	30	36	42	48	54
7	7	14	21	28	35	42	49	56	63
8	8	16	24	32	40	48	56	64	72
9	9	18	27	36	45	54	63	72	81

（左側のたて帯：かけられる 数）

① 12 →

② 18 →

③ 36 →

④ 54 →

2 下の 九九の ひょうの あ〜く に 入る 数を もとめましょう。

		かける 数							
	1	2	3	4	5	6	7	8	9
1	1	2	3	4	5	(あ)	7	8	9
2	2	(い)	6	8	10	12	14	16	18
3	3	6	9	(う)	15	18	21	24	27
4	4	8	(え)	16	20	24	28	32	36
5	5	10	15	20	25	30	35	40	(お)
6	6	12	18	24	30	(か)	42	48	54
7	7	14	(き)	28	35	42	49	56	63
8	8	16	24	32	40	48	56	64	72
9	9	18	27	36	45	54	63	72	(く)

(左側の縦ラベル: かけられる 数)

あ [　　]　　い [　　]

う [　　]　　え [　　]

お [　　]　　か [　　]

き [　　]　　く [　　]

うんこで せかいを かえた 人びと

6

中国が 生んだ でんせつの うんこ学者

雲弧
[Un Ko]

34

18 かくにんテスト 3

今日のせいせき
まちがいが

0～2こ よくできたね！

3～5こ できたね

6こ～ がんばれ

てん
点

---

1 九九の 答えを □に 書きましょう。

〈1つ 2点〉

① 二三が 　　　　　　② 三五 　　　　　　③ 四八

④ 六二 　　　　　　⑤ 八一が 　　　　　　⑥ 五七

⑦ 九二 　　　　　　⑧ 一四が 　　　　　　⑨ 五二

⑩ 三八 　　　　　　⑪ 七九 　　　　　　⑫ 二二が

⑬ 四三 　　　　　　⑭ 三七 　　　　　　⑮ 一六が

⑯ 八九 　　　　　　⑰ 五五 　　　　　　⑱ 六八

⑲ 九三 　　　　　　⑳ 七一が 　　　　　　㉑ 二四が

㉒ 一五が 　　　　　　㉓ 九九 　　　　　　㉔ 四五

35

2 九九の 答えを □に 書きましょう。

〈1つ 2点〉

① 五八 [ ]　② 二一が [ ]　③ 四七 [ ]

④ 六五 [ ]　⑤ 八八 [ ]　⑥ 九四 [ ]

⑦ 一三が [ ]　⑧ 二八 [ ]　⑨ 六七 [ ]

⑩ 九六 [ ]　⑪ 九一が [ ]　⑫ 三三が [ ]

⑬ 四六 [ ]　⑭ 七七 [ ]　⑮ 五九 [ ]

⑯ 六三 [ ]　⑰ 八七 [ ]　⑱ 四四 [ ]

⑲ 一一が [ ]　⑳ 七二 [ ]　㉑ 六六 [ ]

㉒ 七五 [ ]　㉓ 三四 [ ]　㉔ 九八 [ ]

㉕ 六一が [ ]　㉖ 二九 [ ]

あと ちょっとで
おわりじゃぞ！がんばろう。

まとめテスト1

2年生の かけ算

てん
点

1 かけ算を しましょう。

〈1つ 2点〉

① 3 × 5　　② 1 × 1　　③ 7 × 8

④ 6 × 4　　⑤ 6 × 2　　⑥ 3 × 8

⑦ 1 × 4　　⑧ 7 × 9　　⑨ 8 × 6

⑩ 2 × 5　　⑪ 9 × 2　　⑫ 4 × 6

⑬ 4 × 7　　⑭ 7 × 5　　⑮ 5 × 8

⑯ 2 × 1　　⑰ 9 × 3　　⑱ 5 × 3

⑲ 2 × 8　　⑳ 8 × 4　　㉑ 4 × 3

㉒ 3 × 3　　㉓ 6 × 9　　㉔ 5 × 6

2 かけ算を しましょう。

〈1つ 2点〉

① 9 × 4　　② 5 × 1　　③ 7 × 3

④ 1 × 2　　⑤ 9 × 7　　⑥ 4 × 4

⑦ 9 × 1　　⑧ 2 × 3　　⑨ 3 × 7

⑩ 5 × 4　　⑪ 7 × 4　　⑫ 8 × 8

⑬ 1 × 9　　⑭ 3 × 6　　⑮ 8 × 7

⑯ 2 × 2　　⑰ 6 × 1　　⑱ 4 × 5

3 つぎの うち,「うんこで せかいを かえた 人びと」に 出て こなかったのは だれですか。

〈16点〉

あ エドワード・ウンコ　　い アマンダ・ウンコリー　　う 爆林 豪吾郎（ばくばやし ごうごろう）　　え ジョン・ウンコ・アームストロング

まとめテスト2

2年生の かけ算

今日のせいせき
まちがいが

0~2こ
よくできたね!

3~5こ
できたね

6こ~
がんばれ

点

 1 かけ算を しましょう。

〈1つ 2点〉

① 1×6　　　② 2×7　　　③ 8×3

④ 9×3　　　⑤ 6×6　　　⑥ 1×3

⑦ 4×3　　　⑧ 9×5　　　⑨ 2×9

⑩ 6×7　　　⑪ 8×5　　　⑫ 4×1

⑬ 3×9　　　⑭ 8×2　　　⑮ 5×5

⑯ 7×5　　　⑰ 9×8　　　⑱ 3×2

⑲ 3×4　　　⑳ 6×8　　　㉑ 7×6

㉒ 4×2　　　㉓ 5×7　　　㉔ 7×1

2 かけ算を しましょう。

〈1つ 2点〉

① 5×9　　　　② 8×1　　　　③ 2×6

④ 9×9　　　　⑤ 4×8　　　　⑥ 5×2

⑦ 9×6　　　　⑧ 1×5　　　　⑨ 4×9

⑩ 1×7　　　　⑪ 2×4　　　　⑫ 6×5

⑬ 3×1　　　　⑭ 7×7　　　　⑮ 1×8

⑯ 7×2　　　　⑰ 8×9　　　　⑱ 6×3

3 つぎの うち,「うんこで せかいを かえた 人びと」に 出て こなかったのは だれですか。

〈16点〉

あ 竹津美 近歌馬　　い 雲弧　　う ウン・コロンボ・フンデルヴァイデ　　え 宮本 ぶり次郎

答え

1ページ

1 2のだんと 3のだんの 九九

2のだんの 九九の 答えは 2ずつ,
3のだんの 九九の 答えは 3ずつ ふえて いくよ。

今日のせいせき まちがいが
🟤 0-2こ よくできたね！
🐾 3-5こ できたね
🐾🐾 6こ～ がんばれ

1 2のだんの 九九を おぼえましょう。

$2 \times 1 = 2$　$2 \times 2 = 4$　$2 \times 3 = 6$

$2 \times 4 = 8$　$2 \times 5 = 10$　$2 \times 6 = 12$

$2 \times 7 = 14$　$2 \times 8 = 16$　$2 \times 9 = 18$

2 3のだんの 九九を おぼえましょう。

$3 \times 1 = 3$　$3 \times 2 = 6$　$3 \times 3 = 9$

$3 \times 4 = 12$　$3 \times 5 = 15$　$3 \times 6 = 18$

$3 \times 7 = 21$　$3 \times 8 = 24$　$3 \times 9 = 27$

九九は,「二一が 2」のように, 間に
「が」を 入れる ときが あるぞい。「が」を
入れるのは, 答えが 1けたの ときだけじゃ。

❶

2ページ

3 九九を 言いながら かけ算を しましょう。

① $2 \times 1 = 2$　② $2 \times 2 = 4$　③ $2 \times 3 = 6$

④ $2 \times 4 = 8$　⑤ $2 \times 5 = 10$　⑥ $2 \times 6 = 12$

⑦ $2 \times 7 = 14$　⑧ $2 \times 8 = 16$　⑨ $2 \times 9 = 18$

⑩ $3 \times 1 = 3$　⑪ $3 \times 2 = 6$　⑫ $3 \times 3 = 9$

⑬ $3 \times 4 = 12$　⑭ $3 \times 5 = 15$　⑮ $3 \times 6 = 18$

⑯ $3 \times 7 = 21$　⑰ $3 \times 8 = 24$　⑱ $3 \times 9 = 27$

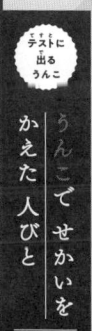

テストに出るうんこ

うんこで せかいを かえた 人びと

1

「うんこカー」を はつ明した

エドワード・ウンコ

[Edward Unko]

❷

3ページ

2 2のだんと 3の だんを つかって①

九九を 言いながら, かけ算の 答えを
しっかり おぼえよう。

今日のせいせき まちがいが
🟤 0-2こ よくできたね！
🐾 3-5こ できたね
🐾🐾 6こ～ がんばれ

1 九九の 答えを 書いた あと, 右に
かけ算の しきを 書きましょう。

① 二三が　**6**　→　2×3

② 三三が　**9**　→　3×3

③ 三八　**24**　→　3×8

④ 二九　**18**　→　2×9

2 3この 2つ分を しきに 書き, 答えを もとめましょう。
また, 下の 絵を 見て, 3この 2つ分を あらわして いる
ほうの ☐ に ○を 書きましょう。

(しき) $3 \times 2 = 6$　(答え) **6** こ

○

❸

4ページ

3 かけ算を しましょう。

① $2 \times 1 = 2$　　② $2 \times 6 = 12$

③ $3 \times 9 = 27$　　④ $2 \times 5 = 10$

⑤ $3 \times 6 = 18$　　⑥ $2 \times 4 = 8$

⑦ $3 \times 1 = 3$　　⑧ $2 \times 2 = 4$

⑨ $2 \times 7 = 14$　　⑩ $3 \times 4 = 12$

⑪ $3 \times 7 = 21$　　⑫ $2 \times 8 = 16$

うんこ文章題にチャレンジ！ **1**

1台に うんこを 3こずつ のせた そりが, 5台
ならんで こおった さか道を すべって います。
そりに のって いる うんこは, ぜんぶで 何こですか。

(しき) $3 \times 5 = 15$

(答え) **15** こ

❹

41

答え

3 2のだんと 3の だんを つかって②

今日のせいせき まちがいが
💩 0~2こ よくできたね!
3~5こ できたね
6こ~ がんばれ

💩 まちがえた かけ算は、正しく おぼえられるまで 同ども やり直そう。

1 かけ算の 答えが 大きい ほうの □ に ○を 書きましょう。

①

③ ○ 2×8 / 3×5

④ ○ 2×9 / 3×7

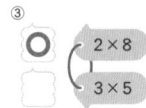 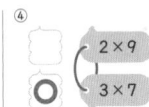

2 かけ算を しましょう。

① 2×2 = 4　　② 3×1 = 3

③ 2×6 = 12　　④ 2×5 = 10

⑤ 3×6 = 18　　⑥ 3×4 = 12

⑦ 2×7 = 14　　⑧ 3×9 = 27

⑨ 3×8 = 24　　⑩ 2×1 = 2

⑤

---

4 4のだんと 5のだんの 九九

今日のせいせき まちがいが
💩 0~2こ よくできたね!
3~5こ できたね
6こ~ がんばれ

💩 4のだんの 九九の 答えは 4ずつ、5のだんの 九九の 答えは 5ずつ ふえて いくよ。

1 4のだんの 九九を おぼえましょう。

4×1 = 4　　4×2 = 8　　4×3 = 12

4×4 = 16　　4×5 = 20　　4×6 = 24

4×7 = 28　　4×8 = 32　　4×9 = 36

2 5のだんの 九九を おぼえましょう。

5×1 = 5　　5×2 = 10　　5×3 = 15

5×4 = 20　　5×5 = 25　　5×6 = 30

5×7 = 35　　5×8 = 40　　5×9 = 45

💩 九九は、声に 出しながら 何ども 言って、みに つけるのじゃ。

⑦

うんこ先生からの
ちょうせんじょう 1

~うんこ先生の ○倍は?~

うんこ先生の いろいろな ところを ○倍すると、どう なるかな? 下の ⓐ~ⓒからえらんで、□ に 書こう。

① 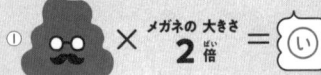 × メガネの 大きさ 2倍 = ⓘ

②  × リアルっぽさ 3倍 = ⓒ

どれに なるかな?

ⓐ　　ⓘ　　ⓒ

「○倍」は、ある ものが ○つ分 あると いう ことじゃぞ。

⑥

---

3 九九を 言いながら かけ算を しましょう。

① 4×1 = 4　　② 4×2 = 8　　③ 4×3 = 12

④ 4×4 = 16　　⑤ 4×5 = 20　　⑥ 4×6 = 24

⑦ 4×7 = 28　　⑧ 4×8 = 32　　⑨ 4×9 = 36

⑩ 5×1 = 5　　⑪ 5×2 = 10　　⑫ 5×3 = 15

⑬ 5×4 = 20　　⑭ 5×5 = 25　　⑮ 5×6 = 30

⑯ 5×7 = 35　　⑰ 5×8 = 40　　⑱ 5×9 = 45

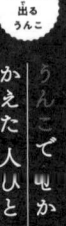

テストに 出る うんこ

うんこで せかいの へいわを 目ざした
アマンダ・ウンコリー
[Amanda Unkollie]

うんこで せかいを かえた 人びと 2

⑧

答え

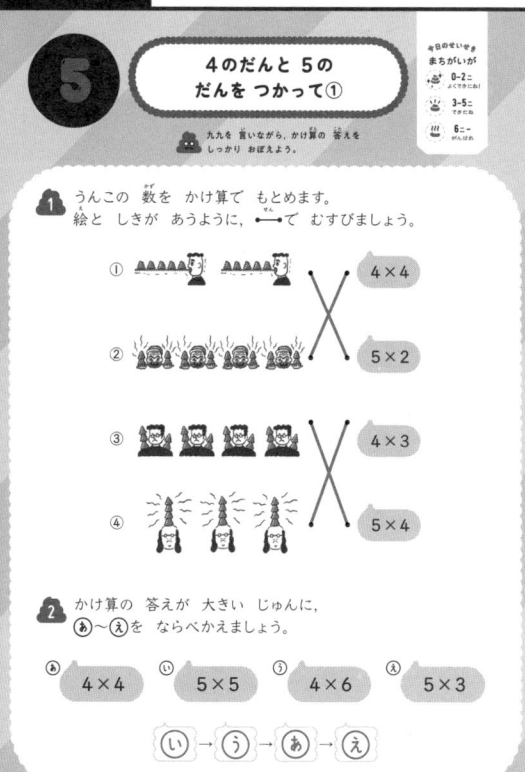

5 4のだんと 5の だんを つかって①

九九を 言いながら,かけ算の 答えを しっかり おぼえよう。

今日のせいせき まちがいが
💩 0〜2こ よくできたね!
💩 3〜5こ できたね!
💩 6こ〜 がんばれ

1 うんこの 数を かけ算で もとめます。
絵と しきが あうように,── で むすびましょう。

① ──── 4×4
② ──── 5×2
③ ──── 4×3
④ ──── 5×4

2 かけ算の 答えが 大きい じゅんに,
あ〜え を ならべかえましょう。

あ 4×4   い 5×5   う 4×6   え 5×3

い → う → あ → え

6 4のだんと 5の だんを つかって②

まちがえた かけ算は,正しく おぼえられるまで 何ども やり直そう。

今日のせいせき まちがいが
💩 0〜2こ よくできたね!
💩 3〜5こ できたね!
💩 6こ〜 がんばれ

1 4のだんと 5のだんの かけ算の 答えに 色を ぬりましょう。

2 かけ算を しましょう。

① 5×2 = 10   ② 4×3 = 12
③ 5×5 = 25   ④ 4×8 = 32
⑤ 5×4 = 20   ⑥ 5×7 = 35
⑦ 4×4 = 16   ⑧ 5×1 = 5
⑨ 4×9 = 36   ⑩ 5×6 = 30

3 かけ算を しましょう。

① 4×5 = 20   ② 4×2 = 8
③ 4×1 = 4   ④ 5×7 = 35
⑤ 5×1 = 5   ⑥ 4×6 = 24
⑦ 5×6 = 30   ⑧ 4×4 = 16
⑨ 4×8 = 32   ⑩ 5×8 = 40
⑪ 5×9 = 45   ⑫ 4×9 = 36

うんこ文章題に チャレンジ! 2

お父さんは,けいたい電話で うんこの どう画を 1日に 4回 さつえいして います。
1週間(7日間)では どう画を 何回 とれますか。

しき 4×7 = 28

答え 28 回

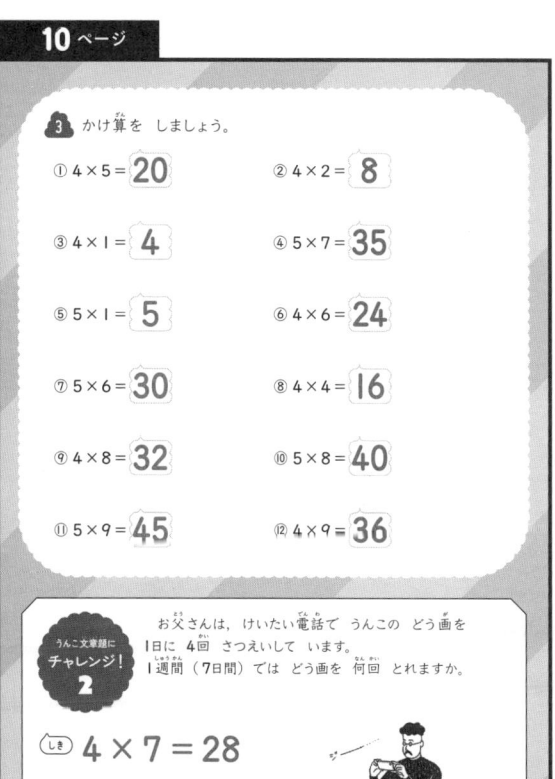

うんこ先生からの **ちょうせんじょう 2**

〜かけ算ビンゴ〜

カードを めくって,出た しきの 答えの 数が あったら ○で かこもう。
たて,よこ,ななめの どれかが そろったのは どちらかな?

答えの 数を れい のように ○で かこむのじゃ。

めくって 出た カード

| 3×2 =6 | 2×5 =10 | 4×3 =12 |
| 5×5 =25 | 3×7 =21 | 4×6 =24 |

れい たつき

⑥	9	㉔
18	⑩	⑫
㉑	14	20

れい お父さん

⑥	16	28
8	㉔	⑫
⑩	㉕	15

そろったのは,(たつき ・ お父さん)

7 かくにんテスト **1**

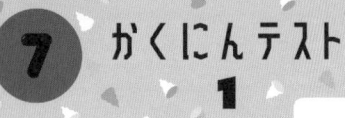

今日の せいせき まちがいが
💩 0−2こ よくできたね!
💩 3−5こ できたね
🐾 6こ〜 がんばれ

てん 点

1 うんこの 数を あらわす ように,
かけ算の しきを 書きましょう。
(1もん 2点)

①  **2** × **4**
└ 1つ分の 数 ┘ └ いくつ分 ┘
② **4** × **3**

2 九九の 答えを 書いた あと,
右に かけ算の しきを 書きましょう。
(1もん 2点)

答え　　しき
① 三七　**21** → **3×7**
② 四九　**36** → **4×9**

3 かけ算を しましょう。
(1つ 2点)

① 2×3= **6**　② 4×7= **28**　③ 4×4= **16**

④ 3×8= **24**　⑤ 5×2= **10**　⑥ 5×7= **35**

⑦ 3×6= **18**　⑧ 4×1= **4**

4 かけ算を しましょう。
(1つ 2点)

① 3×3= **9**　② 2×5= **10**　③ 4×2= **8**

④ 2×8= **16**　⑤ 5×6= **30**　⑥ 3×2= **6**

⑦ 2×1= **2**　⑧ 4×8= **32**　⑨ 5×9= **45**

⑩ 3×4= **12**　⑪ 2×7= **14**　⑫ 5×4= **20**

⑬ 3×9= **27**　⑭ 2×2= **4**　⑮ 5×3= **15**

⑯ 4×5= **20**　⑰ 2×6= **12**　⑱ 4×6= **24**

⑲ 5×5= **25**　⑳ 3×5= **15**

㉑ 2×9= **18**　㉒ 5×8= **40**

5 つぎの 「うんこで せかいを かえた 人」は どちらですか。
(32点)

あ エドワード・ウンコ
い アマンダ・ウンコリー

8

6のだんと
7のだんの 九九

今日の せいせき まちがいが
💩 0−2こ よくできたね!
💩 3−5こ できたね
🐾 6こ〜 がんばれ

💩 6のだんの 九九の 答えは 6ずつ,
7のだんの 九九の 答えは 7ずつ ふえて いくよ。

1 6のだんの 九九を おぼえましょう。

6×1= **6**　6×2= **12**　6×3= **18**

6×4= **24**　6×5= **30**　6×6= **36**

6×7= **42**　6×8= **48**　6×9= **54**

2 7のだんの 九九を おぼえましょう。

7×1= **7**　7×2= **14**　7×3= **21**

7×4= **28**　7×5= **35**　7×6= **42**

7×7= **49**　7×8= **56**　7×9= **63**

7と 4は にて いるから, 九九を
まちがえやすいぞい。しっかり くべつして
おぼえるのじゃ。

3 九九を 言いながら かけ算を しましょう。

① 6×1= **6**　② 6×2= **12**　③ 6×3= **18**

④ 6×4= **24**　⑤ 6×5= **30**　⑥ 6×6= **36**

⑦ 6×7= **42**　⑧ 6×8= **48**　⑨ 6×9= **54**

⑩ 7×1= **7**　⑪ 7×2= **14**　⑫ 7×3= **21**

⑬ 7×4= **28**　⑭ 7×5= **35**　⑮ 7×6= **42**

⑯ 7×7= **49**　⑰ 7×8= **56**　⑱ 7×9= **63**

テストに出るうんこ

うんこで せかいを かえた 人びと **3**

せかい一の プロうんこせん手
ジョン・ウンコ・アームストロング
[John Unko Armstrong]

答え

9 6のだんと 7の だんを つかって①

九九を 言いながら，かけ算の 答えを しっかり おぼえよう。

今日のせいせき まちがいが
0〜2こ よくできたね！
3〜5こ できたね！
6こ〜 がんばろう

1 九九の 答えを 書いた あと，右に かけ算の しきを 書きましょう。

答え　しき
① 六四　**24** → **6 × 4**
② 七七　**49** → **7 × 7**
③ 六九　**54** → **6 × 9**

2 7×4の 答えを もとめます。◯に あう 数を 書きましょう。

7×4の 答えは，4×4と **3** ×4の

答えを たして もとめる ことが できます。

●は，4×4= **16** ，

●は， **3** ×4= **12** より，

●と ●を あわせると，

16 ＋ **12** ＝ **28** なので，7×4＝ **28** です。

⑰

10 6のだんと 7の だんを つかって②

まちがえた かけ算は，正しく おぼえられるまで 何度も やり直そう。

1 かけ算の 答えが 大きい じゅんに， ⓐ〜ⓔを ならべかえましょう。

ⓐ 6×6　　ⓘ 7×5　　ⓤ 6×8　　ⓔ 7×7

ⓔ → ⓤ → ⓐ → ⓘ

2 かけ算を しましょう。

① 7×6＝ **42**　　② 6×3＝ **18**
③ 7×2＝ **14**　　④ 6×5＝ **30**
⑤ 7×8＝ **56**　　⑥ 7×4＝ **28**
⑦ 6×1＝ **6**　　⑧ 6×7＝ **42**
⑨ 6×4＝ **24**　　⑩ 7×1＝ **7**
⑪ 7×3＝ **21**　　⑫ 6×2＝ **12**
⑬ 6×6＝ **36**　　⑭ 7×9＝ **63**

⑲

3 かけ算を しましょう。

① 6×3＝ **18**　　② 7×6＝ **42**
③ 7×2＝ **14**　　④ 6×6＝ **36**
⑤ 7×5＝ **35**　　⑥ 7×9＝ **63**
⑦ 6×1＝ **6**　　⑧ 6×8＝ **48**
⑨ 6×7＝ **42**　　⑩ 7×1＝ **7**
⑪ 7×3＝ **21**　　⑫ 6×2＝ **12**

うんこ文章題に チャレンジ！ **3**

ぼくの ペットの ロンは，うんこを 1こ する たびに 6回 ジャンプします。今日，ロンは うんこを 5こ しました。今日，ロンは ぜんぶで 何回 ジャンプを しましたか。

しき **6 × 5 ＝ 30**

答え **30** 回

⑱

うんこ先生からの **ちょうせんじょう 3**

～うんこ九九なぞなぞ①～

つぎの もんだいの 答えを，九九の なぞなぞで 考えて みよう。

九九は，「2×1＝2」の 言い方の ことじゃぞ。 「・」が ついた ところは，九九だと いくつに なるかのう？

2×9
1 おいしい 肉(にく)を 食べた 後，うんこは 何こ 出たかな？

答え **18** こ

2×3
2 兄(に一)さんは 毎日 何時に うんこを するかな？

答え **6** 時

5×5
3 うんこが 多く 出そうな午後(ごご)には，うんこは 何こ 出せるかな？

答え **25** こ

⑳

45

11 8のだんと 9のだんの 九九

今日のせいせき まちがいが
0～2こ よくできたね！
3～5こ できたね
6こ～ がんばれ

8のだんの 九九の 答えは 8ずつ，
9のだんの 九九の 答えは 9ずつ ふえて いくよ。

1 8のだんの 九九を おぼえましょう。

$8 \times 1 = 8$ $8 \times 2 = 16$ $8 \times 3 = 24$

$8 \times 4 = 32$ $8 \times 5 = 40$ $8 \times 6 = 48$

$8 \times 7 = 56$ $8 \times 8 = 64$ $8 \times 9 = 72$

2 9のだんの 九九を おぼえましょう。

$9 \times 1 = 9$ $9 \times 2 = 18$ $9 \times 3 = 27$

$9 \times 4 = 36$ $9 \times 5 = 45$ $9 \times 6 = 54$

$9 \times 7 = 63$ $9 \times 8 = 72$ $9 \times 9 = 81$

8のだんの 九九では，8を「はち」や「はっ」「ぱ」など，いろいろな 書い方を するから 気を つけて おぼえるのじゃ。

21

3 九九を 言いながら かけ算を しましょう。

① $8 \times 1 = 8$ ② $8 \times 2 = 16$ ③ $8 \times 3 = 24$

④ $8 \times 4 = 32$ ⑤ $8 \times 5 = 40$ ⑥ $8 \times 6 = 48$

⑦ $8 \times 7 = 56$ ⑧ $8 \times 8 = 64$ ⑨ $8 \times 9 = 72$

⑩ $9 \times 1 = 9$ ⑪ $9 \times 2 = 18$ ⑫ $9 \times 3 = 27$

⑬ $9 \times 4 = 36$ ⑭ $9 \times 5 = 45$ ⑮ $9 \times 6 = 54$

⑯ $9 \times 7 = 63$ ⑰ $9 \times 8 = 72$ ⑱ $9 \times 9 = 81$

テストに出るうんこ

たくさんの 「うんこ画」を かいた

竹津美 近歌馬

うんこで せかいを かえた 人びと

4

名前を さかさまに 読んでみこう。

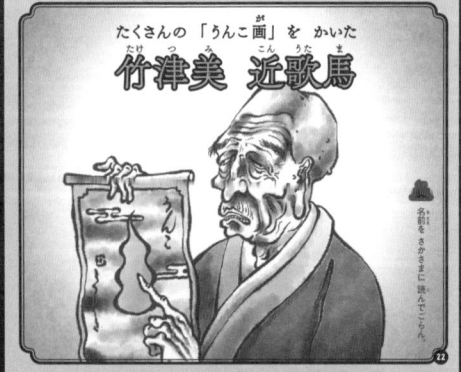

22

12 8のだんと 9のだんを つかって①

今日のせいせき まちがいが
0～2こ よくできたね！
3～5こ できたね
6こ～ がんばれ

九九を 言いながら，かけ算の 答えを しっかり おぼえよう。

1 九九の 答えを 書いた あと，右に かけ算の しきを 書きましょう。

答え　しき

① 八四　32 → 8×4

② 九八　72 → 9×8

③ 九五　45 → 9×5

④ 八六　48 → 8×6

⑤ 九九　81 → 9×9

2 8のだんと 9のだんの かけ算の 答えに 色を ぬりましょう。

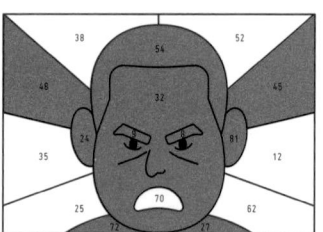

23

3 かけ算を しましょう。

① $9 \times 4 = 36$ ② $8 \times 5 = 40$

③ $9 \times 3 = 27$ ④ $8 \times 7 = 56$

⑤ $8 \times 1 = 8$ ⑥ $9 \times 7 = 63$

⑦ $8 \times 3 = 24$ ⑧ $9 \times 2 = 18$

⑨ $8 \times 8 = 64$ ⑩ $8 \times 9 = 72$

⑪ $9 \times 1 = 9$ ⑫ $8 \times 2 = 16$

うんこ文章題に チャレンジ！ **4**

うんこハンターの ジェイムスは，1時間で うんこを 9こ 見つける ことが できます。6時間では うんこを 何こ 見つける ことが できますか。

しき $9 \times 6 = 54$

答え 54こ

24

13 8のだんと 9の だんを つかって②

まちがえた かけ算は, 正しく おぼえられるまで 何ども やり直そう。

今日のせいせき まちがいが
💩 0-2こ… よくできたね！
💩 3-5こ… できたね！
💩 6こ～ がんばれ

1 □には 九九が 入ります。何のだんか 考えて，あう 数を 書きましょう。

① 8 16 24 32 40 48

② 36 45 54 63 72 81

③ 32 40 48 56 64 72

2 かけ算を しましょう。

① 9×6＝54　② 9×2＝18

③ 8×5＝40　④ 8×3＝24

⑤ 9×5＝45　⑥ 8×1＝8

⑦ 9×8＝72　⑧ 8×8＝64

⑨ 8×6＝48　⑩ 9×4＝36

⑪ 8×4＝32　⑫ 9×1＝9

⑬ 8×9＝72　⑭ 8×2＝16

14 1のだんの 九九

1のだんの 九九の 答えは 1ずつ ふえて いくよ。

今日のせいせき まちがいが
💩 0-2こ… よくできたね！
💩 3-5こ… できたね！
💩 6こ～ がんばれ

1 1のだんの 九九を おぼえましょう。

1×1＝1　　1×2＝2　　1×3＝3

1×4＝4　　1×5＝5　　1×6＝6

1×7＝7　　1×8＝8　　1×9＝9

2 かけ算を しましょう。

① 1×4＝4　② 1×8＝8　③ 1×3＝3

④ 1×5＝5　⑤ 1×9＝9　⑥ 1×1＝1

⑦ 1×2＝2　⑧ 1×6＝6　⑨ 1×7＝7

うんこ先生からの
ちょうせんじょう 4

～うんこの かたづけ～

ちらかった うんこを 元の 場しょに かたづけよう。
答えが 同じ うんこと たなを ◆—▶で むすぼう。

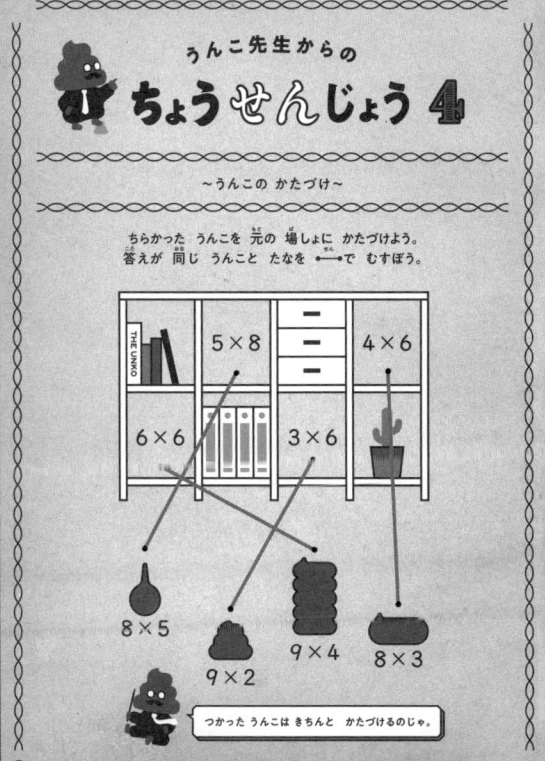

つかった うんこは きちんと かたづけるのじゃ。

うんこ先生からの
ちょうせんじょう 5

～うんこ九九なぞなぞ②～

つぎの もんだいの 答えを，九九の なぞなぞで 考えて みよう。

九九を おぼえて いたら わかるぞいっ！

9×2
1 うんこの 国（くに）には おしろは 何こ あるかな？

答え 18 こ

8×8
2 大きい うんこに はっぱが はりついて いるよ。何まいかな？

答え 64 まい

1×9
3 白い うんこに 色を ぬろう。インクは 何L つかうかな？

答え 9 L

29ページ

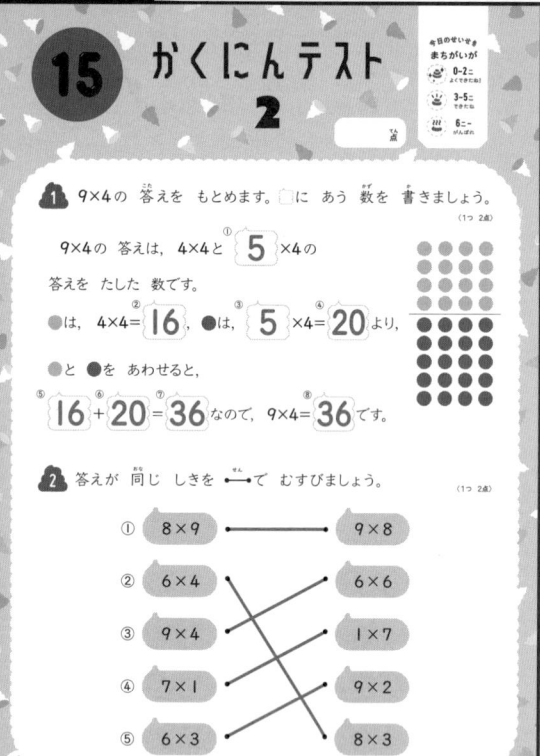

15 かくにんテスト 2

点

今日のせいせき まちがいが
0-2こ よくできたね!
3-5こ できたね
6こ- がんばれ

1 9×4の 答えを もとめます。□に あう 数を 書きましょう。
(1つ 2点)

9×4の 答えは、4×4と ① **5** ×4の

答えを たした 数です。

●は、4×4=② **16**、●は、③ **5** ×4=④ **20** より、

●と ●を あわせると、

⑤ **16** +⑥ **20** =⑦ **36** なので、9×4=⑧ **36** です。

2 答えが 同じ しきを ←→て むすびましょう。
(1つ 2点)

① 8×9 ———— 9×8
② 6×4 ╲╱ 6×6
③ 9×4 ╳ 1×7
④ 7×1 ╱╲ 9×2
⑤ 6×3 ———— 8×3

30ページ

3 かけ算を しましょう。
(1つ 2点)

① 6×2=**12** ② 1×8=**8** ③ 7×2=**14**

④ 8×1=**8** ⑤ 9×5=**45** ⑥ 1×3=**3**

⑦ 6×7=**42** ⑧ 7×5=**35** ⑨ 9×9=**81**

⑩ 8×4=**32** ⑪ 1×4=**4** ⑫ 6×8=**48**

⑬ 7×7=**49** ⑭ 9×7=**63** ⑮ 8×7=**56**

⑯ 1×9=**9** ⑰ 6×5=**30** ⑱ 8×6=**48**

⑲ 9×3=**27** ⑳ 7×8=**56**

㉑ 8×2=**16** ㉒ 6×9=**54**

4 つぎの 「うんこで せかいを かえた 人」は どちらですか。

あ ジョン・ウンコ・アームストロング

い 符津美 近歌馬

31ページ

16 九九の ひょう①

今日のせいせき まちがいが
0-2こ よくできたね!
3-5こ できたね
6こ- がんばれ

九九の ひょうの 見方を 知って、
九九の きまりを おぼえよう。

1 4×5の かけ算に ついて、下の 九九の ひょうを 見ながら、□に あう 数を 書きましょう。

	かける 数
	1 2 3 4 5 6 7 8 9

	1	2	3	4	5	6	7	8	9
1	1	2	3	4	5	6	7	8	9
2	2	4	6	8	10	12	14	16	18
3	3	6	9	12	15	18	21	24	27
4	4	8	12	16	20	24	28	32	36
5	5	10	15	20	25	30	35	40	45
6	6	12	18	24	30	36	42	48	54
7	7	14	21	28	35	42	49	56	63
8	8	16	24	32	40	48	56	64	72
9	9	18	27	36	45	54	63	72	81

（かけられる数）

① かける 数が 1 ふえると、答えは かけられる 数だけ

ふえるので、4×5=4×4+ **4** と あらわせます。

② かける 数と かけられる 数を 入れかえても 答えは

同じに なるので、4×5=5× **4** と あらわせます。

32ページ

2 □に あう 数を 書きましょう。

① 2×6=2×5+ **2** ② 3×8=3×7+ **3**

③ 6×9=6×8+ **6** ④ 8×5=8×4+ **8**

⑤ 3×4= **4** ×3 ⑥ 5×7= **7** ×5

⑦ 7×9=9× **7** ⑧ 9×8=8× **9**

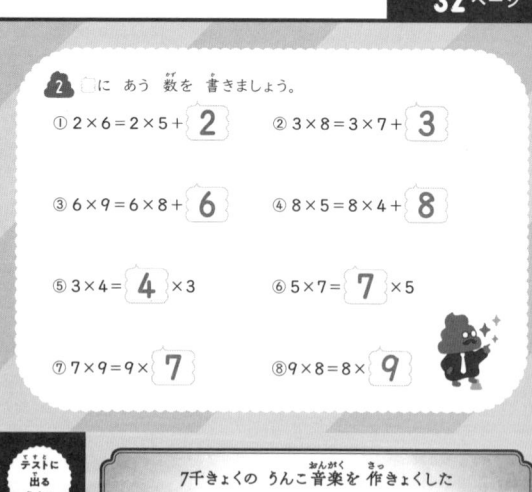

テストに出る うんこ
7千きょくの うんこ音楽を 作きょくした
ウン・コロンボ・フンデルヴァイデ
[Un Colombo Hunderweide]

うんこで せかいを かえた人びと
5

答え

17 九九の ひょう②

九九の きまりは 3年生の 学しゅうでも やく立つよ。しっかり おぼえて おこう。

1 九九の ひょうを 見て，答えが 下の 数に なる かけ算の しきを すべて 書きましょう。

	かける 数								
	1	2	3	4	5	6	7	8	9
1	1	2	3	4	5	6	7	8	9
2	2	4	6	8	10	12	14	16	18
3	3	6	9	12	15	18	21	24	27
4	4	8	12	16	20	24	28	32	36
5	5	10	15	20	25	30	35	40	45
6	6	12	18	24	30	36	42	48	54
7	7	14	21	28	35	42	49	56	63
8	8	16	24	32	40	48	56	64	72
9	9	18	27	36	45	54	63	72	81

① 12 → $2×6, 3×4, 4×3, 6×2$

② 18 → $2×9, 3×6, 6×3, 9×2$

③ 36 → $4×9, 6×6, 9×4$

④ 54 → $6×9, 9×6$

2 下の 九九の ひょうの ⓐ〜ⓚに 入る 数を もとめましょう。

	かける 数								
	1	2	3	4	5	6	7	8	9
1	1	2	3	4	5	ⓐ	7	8	9
2	2	ⓘ	6	8	10	12	14	16	18
3	3	6	9	ⓤ	15	18	21	24	27
4	4	8	ⓔ	16	20	24	28	32	36
5	5	10	15	20	25	30	35	ⓞ	45
6	6	12	18	24	30	ⓚ	42	48	54
7	7	14	ⓖ	28	35	42	49	56	63
8	8	16	24	32	40	48	56	64	72
9	9	18	27	36	45	54	63	72	ⓛ

ⓐ 6　ⓘ 4

ⓤ 12　ⓔ 12

ⓞ 45　ⓚ 36

ⓖ 21　ⓛ 81

テストに出るうんこ
中国が 生んだ でんせつの うんこ学者
雲弧
[Un Ko]

うんこで せかいを かえた 人びと 6

18 かくにんテスト 3

今日のせいせきまちがいが 0〜2こ よくできたね！ 3〜5こ できたね 6こ〜 がんばれ

点

1 九九の 答えを □に 書きましょう。 （1つ 2点）

① 二三が 6　② 三五 15　③ 四八 32

④ 六二 12　⑤ 八一が 8　⑥ 五七 35

⑦ 九二 18　⑧ 一四が 4　⑨ 五二 10

⑩ 三八 24　⑪ 七九 63　⑫ 二二が 4

⑬ 四三 12　⑭ 三七 21　⑮ 一六が 6

⑯ 八九 72　⑰ 五五 25　⑱ 六八 48

⑲ 九三 27　⑳ 七一が 7　㉑ 二四が 8

㉒ 一五が 5　㉓ 九九 81　㉔ 四五 20

2 九九の 答えを □に 書きましょう。 （1つ 2点）

① 五八 40　② 二一が 2　③ 四七 28

④ 六五 30　⑤ 八八 64　⑥ 九四 36

⑦ 一三が 3　⑧ 二八 16　⑨ 六七 42

⑩ 九六 54　⑪ 九一が 9　⑫ 三三が 9

⑬ 四六 24　⑭ 七七 49　⑮ 五九 45

⑯ 六三 18　⑰ 八七 56　⑱ 四四 16

⑲ 一一が 1　⑳ 七二 14　㉑ 六六 36

㉒ 七五 35　㉓ 三四 12　㉔ 九八 72

㉕ 六一が 6　㉖ 二九 18

あと ちょっとで おわりじゃぞ！がんばろう。

答え

37ページ

⑲ まとめテスト1
2年生の かけ算

1 かけ算を しましょう。 (1つ 2点)

① 3×5=15　② 1×1=1　③ 7×8=56
④ 6×4=24　⑤ 6×2=12　⑥ 3×8=24
⑦ 1×4=4　⑧ 7×9=63　⑨ 8×6=48
⑩ 2×5=10　⑪ 9×2=18　⑫ 4×6=24
⑬ 4×7=28　⑭ 7×5=35　⑮ 5×8=40
⑯ 2×1=2　⑰ 9×3=27　⑱ 5×3=15
⑲ 2×8=16　⑳ 8×4=32　㉑ 4×3=12
㉒ 3×3=9　㉓ 6×9=54　㉔ 5×6=30

39ページ

⑳ まとめテスト2
2年生の かけ算

1 かけ算を しましょう。 (1つ 2点)

① 1×6=6　② 2×7=14　③ 8×3=24
④ 9×3=27　⑤ 6×6=36　⑥ 1×3=3
⑦ 4×3=12　⑧ 9×5=45　⑨ 2×9=18
⑩ 6×7=42　⑪ 8×5=40　⑫ 4×1=4
⑬ 3×9=27　⑭ 8×2=16　⑮ 5×5=25
⑯ 7×5=35　⑰ 9×8=72　⑱ 3×2=6
⑲ 3×4=12　⑳ 6×8=48　㉑ 7×6=42
㉒ 4×2=8　㉓ 5×7=35　㉔ 7×1=7

38ページ

2 かけ算を しましょう。 (1つ 2点)

① 9×4=36　② 5×1=5　③ 7×3=21
④ 1×2=2　⑤ 9×7=63　⑥ 4×4=16
⑦ 9×1=9　⑧ 2×3=6　⑨ 3×7=21
⑩ 5×4=20　⑪ 7×4=28　⑫ 8×8=64
⑬ 1×9=9　⑭ 3×6=18　⑮ 8×7=56
⑯ 2×2=4　⑰ 6×1=6　⑱ 4×5=20

3 つぎの うち,「うんこで せかいを かえた 人びと」に
出て こなかったのは だれですか。 (16点)

 エドワード・ウンコ　 アマンダ・ウンコリー　 爆林 乗呑郎　 ジョン・ウンコ・アームストロング

40ページ

2 かけ算を しましょう。 (1つ 2点)

① 5×9=45　② 8×1=8　③ 2×6=12
④ 9×9=81　⑤ 4×8=32　⑥ 5×2=10
⑦ 9×6=54　⑧ 1×5=5　⑨ 4×9=36
⑩ 1×7=7　⑪ 2×4=8　⑫ 6×5=30
⑬ 3×1=3　⑭ 7×7=49　⑮ 1×8=8
⑯ 7×2=14　⑰ 8×9=72　⑱ 6×3=18

3 つぎの うち,「うんこで せかいを かえた 人びと」に
出て こなかったのは だれですか。 (16点)

　 ウン・コロンボ・　

50

計算などで
じゆうに
つかおう！

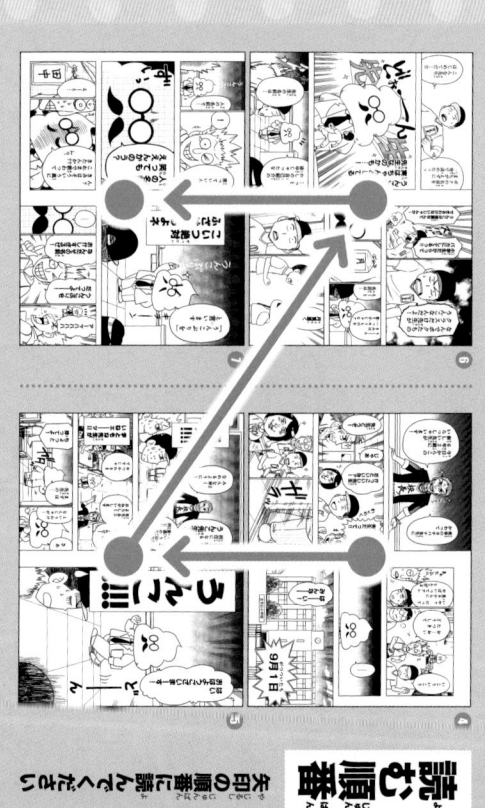

4

主手山小学校
がつついたち
9月1日
は──い！
みんな──
……
いこういこう
お…おい
たつき
どうして
いやァ だって
見るからに
やばいってアレ
うんこだよ
まぁ
たしかに
産休のタチバナ先生にかわって
今日からこの6年2組に新しい先生がいらっしゃいます！
イケメン
校長
おっ！
新しい先生だって!!
わくわく
かっこいい先生だといいなァー
じゃあ
先生どうぞ！
ガラッ

5

はい
おはようございまーす！
どーーーん
うんこ!!!!!
こちら新しく担任になるうんこ先生です
校長
うんこという以外は普通の先生と同じなので
みんな早くなれるように〜
みなさんよろしくですじゃ
無理!!!!
じゃあ私は日焼けサロンに行くのでこれで〜
先生あとよろしくおねがいします
おつかれさまですじゃ
まともな先生がいねェ──ッ!!
さぁ
というわけなんじゃが…
まずは先生の…
ちょっと待ってよ！
ガタッ

6

なんでボクたちのクラスだけ先生がうんこなんだよ！
小学生だからってバカにしてるっ!!
ズバババ
うんこが授業なんてできるわけないじゃんか！
う──ん
きみはハッキリものを言う子じゃなァ
えーと
名前は…
月見里
月見里くんか
…！
ボ…
…っと
わしの自己紹介の途中じゃったな
先生の名前は…
ボクの名前をまちがえずに一発で読めたッ
こんな先生はじめてだ…!!!
どどぉ──ん
先生
うんこだけど実はちゃんとしてる先生なのかも…！

7

「うんこぶりを」と言います
キラーン
うんこぶりを
こいつ絶対ふざけてるよネ
アーッハハハハ
うんこぶりをだってよ──！
なんだその名前おかしすぎるぜ！
……
笑っていいんかのう
！
人の名前で…
うんこぶり
ずいっ
人の名前で笑ってもええんかのう？
ん？
きみはそういう風にこれまで教わってきたんか??
ん？
ちげェ
えーと…
田中

8
田中くん…
ブブッ ふつう!!!
ぶばっ
たなかて!!
失礼な奴だな!!!
ところで きみたちは…
昨日わしに ウソをついたのう
?
わしが困っとったのに 学校の場所を 教えてくれんかった…
困っとる人には 親切にせんと いかんじゃろ?
だ…だって
怪しかったからだよ!!
あんなとこに うんこなんか座ってたら 逃げるに決まってるじゃん!!!
あ
そんな学校 知らないな?
えっ
そういえば…!!
!!
あ…あやしい…
わしが…

9
ただうんこって だけじゃろ…???
ガーーン
それで十分だ!!!!!
まぁええ!! とにかくわしはうんこじゃが ちゃんとした先生なのじゃ!!
わしが担任に なったからには…
きみらを
ナンバーワンに しちゃうのじゃぞい!!!!
くるっ
ナ…
ナンバー ワン…!!!
うーむ どうも日本は 遅れとっていかん
もう海外では 人とうんこは半々 くらいなんじゃが…
さらっと うそをつくな!!!
本当に…??
もちじゃッ!! わしには 見えるぞい!
きみらが この町…いや!
この県…いや!
この日本で ナンバーワンの…

10
おすもうさんに なっとる姿が!!!!
ワー ワー
なぜ!!!!!!?
もういいよ! 絶対ふざけてる このバカうんこ!!
ふつうの先生がいいよ! 校長先生に言いに行こう
待ってくれ 待ってくれい!!
ちょちょちょ
わしを先生として 認めるかどうか…
これを 見てから判断して ほしいのじゃ!
ぐ…
ふつうの 先生には… 絶対にこんなこと できんぞい!!!
ぐぐ…
おおお~~!!!

11
ぼわんっ
ひげ濃くなった だけ~~~~ッ!!!?!
そしてキモイ!
しかもなんか 死にかけてる!!!!
UPに つかいすぎた…
バタリ
ちぇっ なんだよ 変身でもするのかと 思ったじゃん
それなら ちょっと面白かった のに!!
オレもビーム光線とか 出るのかと思ったぜ
出るわけ ないでしょ! バカばっかね
変身と ビームくらい なら…
……

12

ブクーン!!
ビュッ
どかあん
こんなんでええなら…
ひゅん…

13

キラ キラ キラ キラ キラ キラ
バカ男子!!!
絶対おかしい!
こんなふざけてる先生ダメだよ!
……
何で先生がふざけてたら
ぷり
いかんのじゃ?
もうっ! 何してるのよ!!
ペシコン
ペシコン
てっ!
いかんいかん なんかペースにハメられてる!
ふり
ふり
……
えッ!?
だ…だって先生だろ!? 先生はちゃんとしてて
ボクたちに勉強を教えるのが仕事だ!
ふーむそうか 先生ってちゃんとしとらんとダメかいな?
当たり前だろ!

14

「先生とはこうでないと」
「勉強はまじめにやらないと」
「男は強くないと」
「女はお料理ができないと」
先生!!
たしかにそうだ ボクたちはいつのまにか大切なことを忘れていたのかもしれない!
誰がそんなの決めたんじゃ?
なんか…うんこか先生でもいいような気がしてきたよ!
気軽に「うんこ先生」と呼んでくれい
うんこ先生ー!!
ありがとなのじゃ!
「みんながこう言うから」じゃなくて自分の頭で考えてみること
わしはそれが一番大事だと思うぞい!
もともとそんなルールないのに…
勝手に息苦しくしとらんかい?!!
では…
コホン
さっそくじゃが授業を始めてもええかの
うん!!
ほんじゃ最初の授業は…

15

すもうじゃ!!
なんでなの!!!!!
がっ
ぷり
すもうをとりながらボクは思った…
ズッ
次はわしが相手じゃ
この先生うんこだけど…
いちについて
いやそれ別の競技!
どーーーん
けっこう面白いかも!
〈おはよう!うんこ先生・第1話/おわり〉

うんこドリルセット購入者限定！

学習に役立つ

特別ふろく付き

シール付
うんこノート

➡ ご購入は各QRコードから ➡

	小学**1**年生	小学**2**年生	小学**3**年生
漢字セット	漢字セット **2冊** かん字／かん字もんだいしゅう編 	漢字セット **2冊** かん字／かん字もんだいしゅう編 	漢字セット **2冊** 漢字／漢字問題集編
算数セット	算数セット **3冊** たしざん／ひきざん 文しょうだい 	算数セット **4冊** たし算／ひき算／かけ算 文しょうだい 	算数セット **4冊** たし算・ひき算／かけ算 わり算／文章題 
オールインワンセット	オールインワンセット **7冊** かん字／かん字もんだいしゅう編 たしざん／ひきざん／文しょうだい アルファベット・ローマ字／英単語 	オールインワンセット **8冊** かん字／かん字もんだいしゅう編 たし算／ひき算／かけ算／文しょうだい アルファベット・ローマ字／英単語 	オールインワンセット **8冊** 漢字／漢字問題集編／たし算・ひき算 かけ算／わり算／文章題 アルファベット・ローマ字／英単語 

全部入り！

※セットによって特別ふろくの内容は異なります。

遊び感覚だから続けられる！

日本一楽しい学習アプリ

うんこゼミ

国語　算数　理科　社会 ＋ 英語　教養

わしもさっそく
やってみるぞい！

第10問:社会
江戸や大阪などの都市に
住んて、職人や商人をして
いた人の身分を□□という。

どっち？
町人　武士

むずかしかった
うわー
僕も間違えた…

無料
体験版

わからなくても
正解できる！

答えは最初と同じ、
でも少しだけなやむ問題

実は3回目！
だからこそわかる問題！

スタート！

まずはトライ！ あれ？
この問題、なんとなくわかる！

すごい！練習は全問正解！
自信がついて、レベルもアップ！

さあ本番、偉人と対決！この
問題… 答えはすでに学習済み！

復習も楽しくちょう戦！
もう完ペキ！

もりもり遊んで力をつけて、さあ次のステージへ！

単元にそった学習

確認テスト

復習と集中力の特訓

復習と成長の確認

がんばると
もらえる
うんこグッズも！

くわしい内容や
費用はこちらから

小学3年生〜6年生対象

※本サービスは予告なく変更する場合がございます。